国家电网有限公司
作业安全风险管控
工作规定

国家电网有限公司　发布

中国电力出版社
CHINA ELECTRIC POWER PRESS

图书在版编目（CIP）数据

国家电网有限公司作业安全风险管控工作规定 / 国家电网有限公司发布. -- 北京：中国电力出版社，2025. 4（2025.6重印）. -- ISBN 978-7-5198-9981-3

Ⅰ. TM08

中国国家版本馆 CIP 数据核字第 2025AU4676 号

出版发行：中国电力出版社
地　　址：北京市东城区北京站西街 19 号（邮政编码 100005）
网　　址：http://www.cepp.sgcc.com.cn
责任编辑：周秋慧
责任校对：黄　蓓　张晨荻
装帧设计：张俊霞
责任印制：石　雷
印　　刷：三河市航远印刷有限公司
版　　次：2025 年 4 月第一版
印　　次：2025 年 6 月北京第三次印刷
开　　本：850 毫米×1168 毫米　32 开本
印　　张：1.375
字　　数：36 千字
定　　价：18.00 元

国家电网有限公司关于印发
《国家电网有限公司作业风险管控工作规定》
等 10 项通用制度的通知

国家电网企管〔2023〕55 号

总部各部门，各机构，公司各单位：

公司组织制定、修订了《国家电网有限公司作业风险管控工作规定》《国家电网有限公司工程监理安全监督管理办法》《国家电网有限公司预警工作规则》《国家电网有限公司电力突发事件应急响应工作规则》《国家电网有限公司安全生产风险管控管理办法》《国家电网有限公司安全生产反违章工作管理办法》《国家电网有限公司业务外包安全监督管理办法》《国家电网有限公司电力安全工器具管理规定》《国家电网有限公司电力建设起重机械安全监督管理办法》《国家电网有限公司安全隐患排查治理管理办法》10 项通用制度，经 2022 年公司规章制度管理委员会第四次会议审议通过，现予以印发，请认真贯彻落实。

国家电网有限公司（印）

2023 年 2 月 10 日

目　　录

国家电网有限公司作业安全风险管控工作规定

规章制度编号：国网（安监/3）1102－2022

第一章 总 则

第一条 为深化作业安全风险管控工作，提升现场作业安全管控能力和事故防范水平，依据国家法律法规及公司有关规定，制定本规定。

第二条 本规定所指的作业安全风险（以下简称作业风险）是在生产施工作业过程中，由于生产组织安排、人员作业行为、施工工艺方法、设备环境状态等因素，可能导致发生人身、电网、设备等安全事故（事件）的可能性与严重性的组合。其中作业人身风险涉及触电伤害、高处坠落、物体打击、机械伤害、中毒窒息等（详见附录1）。

第三条 生产施工作业类型主要包括：生产作业（运维、检修、改造）、营销作业（计量、业扩等）、输变电工程、配（农）网建设、迁改工程施工、信息通信作业，以及送变电公司和省管产业单位承揽的外部建设项目施工。

第四条 作业风险管控遵循以人身风险管控为主，按照"全面评估、分级管控"的工作原则，依托安全风险管控监督平台（以下简称平台，含移动 App）对作业涉及的各类风险实施全面、全过程管理（流程详见附录2）。

第五条 本规定适用于国家电网有限公司（以下简称公司）总部、各分部、各省（自治区、直辖市）电力公司、直属生产单位（以下简称各单位）。

第二章　职　责　分　工

第六条　各单位是作业风险管理的责任主体，应按照"三个必须"（管行业必须管安全、管业务必须管安全、管生产经营必须管安全）和"谁主管、谁负责"的原则，负责落实上级管理要求，统筹做好本单位作业风险管理工作，并对下级单位作业风险管控工作进行指导、监督、检查和考核。

第七条　各级安全生产委员会（以下简称安委会）是本单位作业风险管理工作领导机构，负责审议本单位作业风险管理规章制度，分析和研究重大作业风险，协调解决重大问题、重要事项，提供资源保障并监督相关风险管控措施落实。

第八条　各级安全生产委员会办公室是本单位作业风险管理工作领导机构办公室，负责作业风险管理工作的综合协调和监督管理，组织和督促安委会成员部门完善本专业作业风险管理工作标准、实施细则，健全安全风险管控工作机制。

第九条　各级设备、营销、建设、调控等安委会成员部门是本专业作业风险管理的责任主体，按照"管业务必须管安全"的要求，负责业务范围内作业风险全过程管理。

第十条　总部远程安全督查组和省、市、县各级安全督查中心负责监督核查各单位作业计划及风险评估定级情况；负责组织开展作业现场的远程安全督查。

第十一条　二级机构（工区、项目部）负责组织实施作业风险管控工作，编制、审查并上报作业计划，按照批复的作业计划，组织落实风险预控、作业准备、作业实施、到岗到位等各环节安全管控措施和要求。

第十二条　作业班组负责落实现场勘察、风险评估、"两票"执行、班前（后）会、安全交底、作业监护等安全措施和要求。

第三章 分 级 管 理

第十三条 按照生产施工作业可能导致发生人身、电网、设备等安全事故（事件）的可能性与严重性的组合，将作业风险等级从高到低分为一到五级，并对应划分为重大风险作业（一级）、较大风险作业（二级、三级）和一般风险作业（四级、五级）。

（一）重大风险作业主要包含：

1. 可能导致发生一至三级人身事件风险的作业；

2. 可能导致发生一至四级电网或设备事件风险的作业；

3. 可能导致发生五级信息系统事件风险的作业；

4. 可能导致发生较大及以上火灾事故风险的作业；

5. 其他可能导致发生对社会及公司造成重大影响事件风险的作业。

（二）较大风险作业主要包含：

1. 可能导致发生四级人身事件风险的作业；

2. 可能导致发生五至六级电网或设备事件风险的作业；

3. 可能导致发生六级信息系统事件风险的作业；

4. 可能导致发生一般火灾事故风险的作业；

5. 其他可能导致发生对社会及公司造成较大影响事件风险的作业。

（三）一般风险作业主要包含：

1. 可能导致发生五级及以下人身事件风险的作业；

2. 可能导致发生七至八级电网、设备或信息事件风险的作业；

3. 其他可能导致发生对社会及公司造成影响事件风险的作业。

第十四条　相关专业部门应依据本规定，针对本专业生产施工作业特点，结合各类风险因素，按照重大风险、较大风险和一般风险分级要求，编制并发布作业风险管控实施细则，明确本专业作业风险分级标准及风险定级库，指导各单位开展作业风险管控工作。

第四章 计 划 管 理

第十五条 按照"谁管理、谁负责"的原则，各单位应结合平台应用，明确各专业计划管理人员，健全计划编制、审批和发布工作机制，严格计划编审、发布与执行的全过程管控。

第十六条 各单位应根据设备状态、电网需求、基建技改及用户工程、保供电、气候特点、承载力、物资供应等因素，按照"六优先、九结合"原则（详见附录 3），统筹协调生产、建设、营销、调控等各专业工作，综合分析风险管控和作业承载能力（参见附录 4），科学编制生产施工作业计划。

第十七条 各类生产施工作业均应纳入计划管控，严禁无计划作业。各单位计划性生产施工作业任务均应严格落实"周安排、日管控"要求，以周为单位进行统筹部署安排，明确周内每日作业内容及其作业风险，并按周进行汇总统计和审核发布。

第十八条 每日作业计划信息应包括专业类型、作业内容、作业时间、作业地点、作业人数、风险类型、风险等级、风险因素、作业单位、工作负责人及联系方式等内容。

第十九条 作业计划实行刚性管理，审定后的作业计划均应统一在平台内进行发布，已发布的作业计划严禁随意增减，确属特殊情况需追加、调整的，应严格履行本单位计划调整审批手续。

第二十条 计划性工作发生变更调整的，至少应在作业实施前一天完成计划的变更发布，特殊情况（如天气、自然灾害等不可抗力因素）需当日调整的应说明原因；临时性紧急任务或抢修工作，应按照即时上报原则，经县供电公司级单位或二级机构负责人审批后，纳入当天作业计划进行管控。

第二十一条　各单位应全面围绕作业计划管理实施作业风险管控工作，提前做好风险管控的策划准备和部署安排，实现作业计划与风险管控措施的同步安排、同步实施。

第五章 评 估 定 级

第二十二条 作业风险辨识及评估定级前，应通过作业任务分析、现场勘察等方式全面了解掌握作业现场条件、环境及作业可能存在的危险点，一般应由工作负责人或工作票签发人组织；需要现场勘察的典型作业项目（详见附录5），其中：

（一）承发包工程作业涉及停电及近电作业，应由项目主管部门、单位组织，设备运维管理单位和作业单位共同参与。

（二）涉及多专业、多单位的大型复杂作业项目，应由项目主管部门、单位组织相关人员共同参与。

第二十三条 作业风险辨识应坚持"全员、全过程、全方位、全天候"原则，涵盖生产施工作业的全周期和全要素，从人身、电网、设备、网络信息、客户停电及环境气候等维度，全面准确地识别各类风险因素。

第二十四条 按照"谁安排计划、谁组织辨识"的原则，作业风险的辨识工作由作业管理单位负责组织有关专业管理部门、设备运维管理单位和施工作业单位共同开展。

（一）不涉及停电或近电工作的风险辨识一般应由专业管理部门（业主项目部）组织，施工作业单位（项目部）参加。

（二）涉及停电或近电工作的风险辨识一般由副总师以上负责同志组织，设备运维、调控、营销、建设等相关部门人员以及施工作业单位、监理单位人员参加。

第二十五条 相关单位和专业部门按照管理职责，分别对作业可能涉及风险因素进行辨识、分析和评估。

（一）电网类风险因素由调控部门负责。

（二）人身、环境类风险因素由施工作业单位负责，涉及生产场所或近电作业的运维管理单位应全面参与。

（三）设备类风险因素由设备运维管理单位或部门负责。

（四）网络、信息系统类风险因素由数字化部门负责。

（五）客户停电类风险因素由营销部门负责，调控部门全面参与。

第二十六条　每周定期由本单位副总师及以上负责同志主持召开本单位作业风险评估定级会商会议（可与周风险督查会商会议统筹），涉及的相关单位、专业部门人员参加，针对本周作业计划，统筹开展风险评估及定级工作。

涉及多专业、多单位的大型复杂作业项目，评估及定级工作应由上一级单位或部门组织开展。

第二十七条　作业风险定级应以每日作业计划为单元进行，同一作业计划内包含多个不同等级工作或不同类型的风险时，按就高原则定级。

第二十八条　作业评估定级结果应在作业计划内发布，辨识分析出的危险因素应填入作业文件（包括但不限于工作票、作业票、"三措一案"等）内，作为风险管控措施制定的前提和依据。

第二十九条　遇有国家重大节假日（春节、国庆）、夜间作业等情况宜提高风险等级进行管控。

第六章　管控措施制定

第三十条　作业风险管控措施应按照"谁负责辨识，谁组织制定"的原则，由相关专业管理部门、单位组织分级策划制定。施工作业单位全过程参与各类风险管控措施制定，并负责现场措施的编制和落实。

（一）电网运行风险管控措施由调控部门负责组织制定。

（二）人身、环境类风险管控措施由相关专业管理部门（或业主项目部）组织制定，施工作业单位、监理单位参加；涉及生产场所或近电作业的运维管理单位应全面参与。

（三）设备类风险管控措施由设备运维管理单位或部门组织制定。

（四）网络、信息系统类风险管控措施由数字化部门负责组织制定。

（五）客户停电类风险管控措施由营销部门负责组织制定，调控部门参与。

第三十一条　涉及多专业、多单位的作业项目，应明确牵头责任部门或牵头单位，统筹制定管控措施。涉及多专业、多单位的重大风险作业应由上级单位成立安全风险管控组织机构，由副总师以上领导担任负责人，牵头专业部门负责同志担任常务负责人，相关单位或专业部门负责人参加，统筹制定专项管控工作方案。

第三十二条　因现场作业条件变化、作业内容变更等引起作业风险等级调整的，应重新履行识别、评估、定级和管控措施制定审核等流程。

第七章　审　查　会　商

第三十三条　各专业部门按照专业分工，对业务范围内风险作业的必要性、风险辨识的全面性、风险定级的准确性和管控措施的针对性进行审查。

第三十四条　各单位应将作业风险的会商审核和监督核查纳入本单位周安全风险督查例会机制内，综合分析研判风险辨识的全面性、定级准确性及管控措施的针对性、有效性，切实督导相关专业部门和相关单位履责。

第三十五条　各级安全督查中心应依据作业风险定级标准和会商会议要求，每周对作业风险定级情况进行核查，对计划管理不到位、风险定级不准确、管控措施不落实等问题纳入违章行为严肃通报考核。

第八章 风险公示告知

第三十六条 各单位应建立健全风险告知与公示制度，做好作业风险告知与公示工作。

（一）风险公示。按照"谁管理、谁公示"原则，地市（县）公司级单位、二级机构以审定的作业计划、风险内容、风险等级、管控措施为依据，每周日前对下周作业计划存在的所有作业风险进行全面公示。

（二）风险告知。对作业风险涉及的重要客户、电厂等外部单位，应提前告知风险事由、时段、影响、措施建议等，并留存告知记录，以便外部单位提前做好风险防范。

第三十七条 风险公示内容应包括：作业内容、作业时间、作业地点、专业类型、风险因素、风险类别、风险等级、作业单位、工作负责人姓名及联系方式、到岗到位人员信息等。

第三十八条 地市（县）供电公司级单位作业风险内容一般应由安监部门汇总后在本单位网页公告栏内进行公示；各工区、项目部等二级机构均应在醒目位置张贴作业风险内容。

第三十九条 各单位、专业部门、班组应充分利用工作例会、班前会等，逐级组织交待工作任务、作业风险和管控措施，从上至下将"四清楚"（作业任务清楚、作业流程清楚、危险点清楚、安全措施清楚）任务传达到岗、到人。

第四十条 各单位应按照上级单位和政府部门要求，规范开展作业风险报告工作。

第九章 现场风险管控

第四十一条 相关单位、部门应协同配合，从电网运行、设备运维、施工作业、客户保障、环境影响等方面，全面组织落实相应的风险控制措施，确保作业全过程风险可控、在控。

（一）涉及电网调控、方式安排、通信等管控措施应由调控部门组织落实。

（二）涉及设备运维风险管控措施应由设备运维单位或专业部门组织落实。

（三）涉及作业现场人身或环境风险管控措施应由相关专业管理部门组织落实，施工作业单位全面负责。

（四）涉及客户保障管控措施应由营销部门组织落实。

（五）涉及网络、信息系统等其他风险管控措施由对应专业管理部门组织落实。

第四十二条 现场作业开始前，工作负责人应提前做好准备工作。

（一）核实作业必需的工器具和个人安全防护用品，确保合格有效。

（二）核实作业人员是否具备安全准入资格、特种作业人员是否持证上岗、特种设备是否检测合格。

（三）按要求装设远程视频督查、数字化安全管控智能终端等设备，并通过移动作业 App 与作业计划关联；若现场因信号、作业环境不具备条件的，应及时向上级安全监督管理部门报备。

（四）工作许可人、工作负责人应共同做好安全措施的布置、检查及确认等工作，必要时进行补充完善，并做好相关记录。安全措施布置完成前，禁止作业。

第四十三条 工作负责人办理工作许可手续后，组织全体作业人员开展安全交底，并应用移动作业 App 留存工作许可、安全交底录音或影像等资料。

第四十四条　工作票（作业票）签发人或工作负责人对有触电危险、施工复杂容易发生事故的作业，应增设专责监护人，确定被监护的人员和监护范围，专责监护人不得兼做其他工作。

第四十五条　现场作业过程中，工作负责人、专责监护人应始终在作业现场，严格执行工作监护和间断、转移等制度，做好现场工作的有序组织和安全监护。工作负责人重点抓好作业过程中危险点管控，应用移动作业 App 检查和记录现场安全措施落实情况。

第四十六条　各级单位应建立健全现场到岗到位管理制度机制，细化到岗到位标准和工作内容（参见附录 6），加强对作业高风险工序期间现场组织管理、人员责任和管控措施落实情况检查。

（一）三级风险作业，相关地市供电公司级单位或建设管理单位专业管理部门人员、县供电公司级单位、二级机构负责人或专业管理部门人员应到岗到位。

（二）二级及以上风险作业，相关地市供电公司级单位或建设管理单位副总师及以上领导、专业管理部门负责人或省电力公司级单位专业管理部门人员应到岗到位。

各单位、专业到岗到位要求不得低于上述标准，专业部门对作业现场到岗到位有特殊要求的按其专业制度管控要求执行。

第四十七条　各级作业安全风险管控组织机构（相关职责详见附录 7），应统筹开展风险管控工作，加强现场值守督查，全过程协调跨单位、跨专业管控工作，督导检查相关专业和单位安全风险管控措施执行落实情况。

第四十八条　各单位主要领导应定期抽出一定时间深入现场、深入班组调研督导。各单位应加强作业现场安全监督检查，充分发挥安全监督体系和保证体系协同作用，依托各级安全督查中心、安全督查队等对各类作业现场开展"四不两直"督查和远程视频安全督查。

（一）省电力公司级单位应对所辖范围内的重大风险作业现场及相关管控措施落实情况开展全覆盖督查。

（二）地市供电公司级单位应对所辖范围内的较大及以上风险作业现场及相关管控措施落实情况开展全覆盖督查。

（三）县供电公司级单位对所辖范围内的全部作业现场及相关管控措施落实情况开展督查。

第四十九条　现场工作结束后，工作负责人应配合设备运维管理单位做好验收工作，核实工器具、视频监控设备回收情况，清点作业人员，应用移动作业 App 做好工作终结记录。

第五十条　工作结束后，班组长应组织全体班组人员召开班后会，对作业现场安全管控措施落实及"两票三制"执行情况总结评价，分析不足，表扬遵章守纪行为，批评忽视安全、违章作业等不良现象。

第五十一条　各单位、各专业应在作业风险管控过程中，动态跟踪作业风险及管控情况，必要时及时调整和加强管控措施，确保作业全过程风险有效管控。

第十章 评 价 考 核

第五十二条 各单位应加强作业风险安全管控工作的检查指导与评价，结合周安全生产风险管控督查例会，定期分析评估作业风险管控工作执行情况，督促落实安全管控工作标准和措施，持续改进和提高作业安全管控工作水平。

第五十三条 各级安监部门应将作业风险管控工作纳入日常督查工作内容，将无计划作业、随意变更作业计划、风险评估定级不严格、管控措施不落实等情形纳入违章行为进行严肃通报处罚。

第五十四条 对不严格执行本规定要求导致作业风险失控引发安全事故（事件）的，严格按照国家有关法律法规和公司事故（件）调查处理有关规定执行。公司将依据安全奖惩有关规章制度，严肃追究相关责任单位和人员责任。

第十一章　附　　则

第五十五条　本规定由国网安监部负责解释并监督执行。

第五十六条　本规定自 2023 年 3 月 3 日起施行。

附录：1. 风险评估危险因素（人身）

2. 作业风险管控工作流程图

3. 作业计划编制"六优先、九结合"原则

4. 承载力分析主要内容（参考）

5. 需要现场勘察的典型作业项目

6. 领导干部现场到岗到位管控标准（参考）

7. 综合性、复杂性重大风险现场管控机构主要职责

风险评估危险因素（人身）

序号	评估类别	危险因素
一		触电伤害
（一）	误入、误登带电设备	1. 设备检修时，工作人员与带电部位的安全距离小于规定值，造成人员触电
		2. 悬挂标示牌和装设遮栏（围栏）不规范，造成人员触电。如：标示牌缺少、数量不足或朝向不正确，装设遮栏（围栏）不满足现场安全的实际要求等
		3. 高压设备的隔离措施不规范，造成误入带电设备触电。如：遮栏不稳固，高度不足，未加锁等
		4. 对难以做到与电源完全断开的检修设备未采取有效措施，造成人员触电。如：检修母线侧隔离开关时未将隔离开关母线侧引线带电拆除等
		5. 高压开关柜易误碰有电设备的孔洞，隔离措施不规范，造成人员触电。如：手车开关的隔离挡板缺失、损坏、封闭不严，封闭式组合电器引出电缆备用孔或母线的终端备用孔未采取隔离措施等
		6. 工作票上安全措施不正确完备，造成人员触电。如：应拉断路器、隔离开关等未拉开，有来电可能的地点漏挂接地线等
		7. 检修设备停电，未能把各方面的电源完全断开，造成人员触电。如：星形接线设备的中性点隔离开关未拉开，检修设备没有明显断开点，有反送电可能的设备与检修设备之间未断开等
		8. 高压设备名称、编号标志设置不规范、不齐全造成误入、误登带电设备触电。如：设备标牌脱落、字迹不清、更换名称标牌不及时等
		9. 现场安全交底内容不清楚，造成人员触电。如：工作负责人布置工作任务时未向工作班成员交待杆塔双重名称及编号，工作班成员登杆前未核对双重称号和标志导致误登带电杆塔触电

序号	评估类别	危险因素
（一）	误入、误登带电设备	10. 忽视对外协工作人员、临时工的安全交底，造成人员触电。如：使用少量的外协工作人员、临时工时，未进行安全交底
		11. 检修人员擅自工作或不在规定的工作范围内工作，误入、误登带电间隔，造成人员触电。如：无票工作、未经许可工作、擅自扩大工作范围、在安全遮栏（围栏）外工作等
		12. 杆塔上传递材料时的安全距离不符合要求，造成人员触电。如：同杆架设多回路单回停电、平行、邻近、交叉带电杆塔上工作传递工器具材料
		13. 平行、邻近、同杆架设线路附近停电作业，接触导线、架空地线时感应电放电，造成人员触电。如：未使用个人保安线
		14. 穿越未经接地同杆架设低电压等级线路，造成人员触电
		15. 电力检修（施工）作业，未能准确判断电缆运行状态、盲目作业，造成人员触电
		16. 电缆接入（拆除）架空线路或开关柜间隔，误登带电杆塔或误入带电间隔，造成人员触电
（二）	误碰带电设备	1. 现场使用吊车、斗臂车等大型机械时，对吊车、斗臂车司机现场危险点告知及检查不规范，造成人员触电。如：未告知现场工作范围及带电部位，致使吊臂对带电导体放电等
		2. 室内、室外母线分段部分、母线交叉部分及部分停电检修时忽视带电部位，造成人员触电。如：作业地点带电部位不清，误碰带电设备等
		3. 现场临时电源管理不规范，造成人员触电。如：乱拉电源线，电源线敷设不规范，使用的工具、金属型材、线材误将临时电源线轧破磨伤等
		4. 仪器的摆放位置不合理，造成人员触电。如：仪器摆错位置或摆放位置离带电设备太近等
		5. 容性设备进行试验工作放电不规范，造成人员触电。如：电力电容器、电力电缆未充分放电等
		6. 加压过程中失去监护，造成人员触电。如：监护人干其他工作或随意离去，注意力不集中等

19

序号	评估类别	危险因素
（二）	误碰带电设备	7. 仪器金属外壳无保护接地，造成人员触电。如：外壳未接地或接地不牢等
		8. 试验现场安全措施不规范，他人误入，造成人员触电。如：遮栏或围栏进出口未封闭，标示牌朝向不正确，无人看守等
		9. 高压试验人员操作时未规范使用绝缘垫，造成人员触电。如：绝缘垫耐压不合格，绝缘垫太小，试验人员操作时一只脚站在绝缘垫上，另一只脚站在地面上等
		10. 绝缘工器具不合格或使用不规范，造成人员触电。如：受潮、破损、超周期使用，绝缘杆未完全拉开等
		11. 低压回路工作中无人监护误碰其他带电设备。如：工作人员身体裸露部分误碰带电设备等
		12. 在变电站内人工搬运较长物件不规范。如：梯子、金属管材、型材未放倒搬运等
		13. 检修设备的交、直流电源未断开，造成人员触电。如：未断开检修设备的控制电源或合闸电源等
		14. 拖拽电缆时未做防护措施，导致与带电设备距离不够，造成人员触电
（三）	电动工器具类触电	1. 电动工器具的使用不规范，造成人员触电。如：手握导线部分或与带电设备安全距离不够等
		2. 电动工器具绝缘不合格，造成人员触电。如：外绝缘破损、超周期使用等
		3. 电动工器具金属外壳无保护，造成人员触电。如：外壳未接地或用缠绕方式接地
（四）	倒闸操作触电	1. 不具备操作条件进行倒闸操作，造成人员触电。如：设备未接地或接地不可靠，防误装置功能不全、雷电时进行室外倒闸操作、安全工器具不合格等
		2. 倒闸操作过程中接触周围带电部位，造成人员触电。如：操作时误碰带电设备、操作未保证足够的安全距离等
		3. 操作过程中发生设备异常，擅自进行处理，误碰带电设备触电

20

序号	评估类别	危险因素
（四）	倒闸操作触电	4. 操作人未按照顺序逐项操作，漏项、跳项操作导致触电
		5. 操作时未认真执行"三核对"，走错位置，误入带电间隔，误拉隔离开关，导致触电或电弧灼伤
		6. 操作隔离开关过程中瓷柱折断，引线下倾，造成人身触电。如：站立位置不当、操作用力过猛绝缘子开裂或安装不牢固等
		7. 操作肘型电缆分支箱、箱式变压器时触碰相邻的带电设备，造成人员触电
		8. 对环网柜、电缆分支箱、箱式变压器操作时，不执行停电、验电制度，直接接触设备导电部分，造成人员触电
		9. 验电器、绝缘操作杆受潮，造成人员触电。如：雨天操作没有防雨罩，存放或使用不当等
		10. 装地线前不验电、放电，装、拆地线时，方法不正确或安全距离不够，造成人员触电。如：装、拆接地线碰到有电设备，操作人与带电部位小于安全距离，攀爬设备构架等
		11. 装拆临时接地线操作不当，造成人员触电。如：装设接地线时接地线触及操作人员身体、装设接地线时误碰带电设备、装设接地操作顺序颠倒
（五）	运行维护工作触电	1. 当值运维人员更换高压熔断器、贴试温蜡片、测温、卫生清扫等工作失去监护，人员误入、误登、误碰带电设备，造成人员触电
		2. 当值运维人员进行更换低压熔断器、二次设备清扫、更换灯泡等工作，工器具选择不当，未与带电设备保持安全距离，造成人员触电。如：清扫设备时安全距离小于规定值、没有使用安全工器具、工具的金属部分未用绝缘物包扎等
		3. 高压设备发生接地时，巡视人员与接地之间小于安全距离没有采取防范措施，造成人员触电
		4. 雷雨天巡视设备时，靠近避雷针、避雷器，遇雷反击，造成人员触电
		5. 夜间巡视设备时，巡视人员因光线不足，误入带电区域，造成人员触电
		6. 汛期巡视设备时，安全用品、设备失效，造成人员触电

序号	评估类别	危险因素
（六）	交流低压触电	1. 电流互感器二次回路开路，造成人员触电。如：试验短接线脱落、电流互感器二次绕组切换步骤不正确等
		2. 电压互感器二次回路上取放熔丝、测量电压、拆接线工作不规范，造成人员触电。如：未使用绝缘工具，未戴手套等
		3. 工作中试验方法不当，造成人员触电。如：接错线、试验表计未调至零位或未断开电源等
		4. 工作人员改接试验线时，未采取措施，造成人员触电
		5. 工作人员在二次回路加压，操作错误，造成人员触电。如：误合电压回路的空气开关，应断开的电压端子未断开等
		6. 带电收放临时电源线（保护用接地线），造成人员触电。如：未断开临时电源，误碰带电部位等
		7. 绝缘电阻表输出误碰他人和自己，造成人员触电。如：试验线有裸露部分、有其他人员在摇测绝缘的回路上工作、摇测绝缘时作业人员触及输出端子等
		8. 工作中误触相邻运行设备带电部位。如：同屏布置的二次设备检修时，相邻的运行设备未做安全隔离措施等
		9. 运行中的电流、电压互感器二次回路，因为二次失去接地线，一次高压通过电容耦合等串入低压回路，造成触电
（七）	直流低压触电	1. 直流回路上工作，未采取防护措施造成人员触电。如：未使用绝缘工具，未戴手套等
		2. 直流回路上工作，应断开电源的未断开，造成人员触电。如：操作电源、信号电源、测控电源未断开等
（八）	其他类触电	1. 变电站内一次高压设备拆、接引线不规范，造成人员触电。如：引线未接地、未戴绝缘手套、引线甩动、反弹幅度过大等
		2. 在变电站内一次高压设备上工作，因感应造成人员触电。如：未装设临时接地保护线或无其他保护措施等
		3. 动火工作过程不规范，造成人员触电。如：动火用具与带电设备安全距离不够，在较潮湿的环境条件下进行电焊作业
		4. 雷雨天气在变电站内工作未采取安全措施

序号	评估类别	危险因素
（八）	其他类触电	5. 门卫制度不严格，造成他人进入变电站触电。如：外来工作人员随意进入变电站，导致与带电部位距离不满足安全要求或误入带电间隔
		6. 进行设备验收工作时，人与带电部位距离小于安全距离，造成人身触电
		7. 绝缘斗臂车工作位置选择不当，绝缘部位与带电距离不够，导致相间短路
		8. 带电作业人员不熟悉带电操作程序，导致触电
二		高空坠落
（一）	登塔、登杆作业	1. 高处作业时，防止高处坠落的安全控制措施不充分、高处作业时失去监护或监护不到位，造成人员高处坠落
		2. 个人安全防护用品使用不当，造成人员高处坠落。如：使用不合格的安全帽或安全帽佩戴不正确、高处作业使用不合格的安全带或使用方法不正确，在登杆、登塔中不能起到防护作用等
（二）	绝缘子、导线上工作	1. 更换绝缘子时，绝缘子锁紧销脱落等，造成人员高处坠落
		2. 链条葫芦使用不规范，导致绝缘子掉串，造成人员高处坠落。如：超载、制动装置失灵等
		3. 更换绝缘子时，滑轮组使用不规范，造成人员高处坠落。如：滑轮组绳强度不足、过载等
（三）	构架上工作	1. 构架上有影响攀登的附挂物，造成人员高处坠落。如：照明灯、标示牌、支撑架、拉线等
		2. 攀登时，爬梯金属件或支撑物不符合要求，造成人员高处坠落。如：金属件缺失、松动、脱焊、锈蚀严重、支撑物埋设松动
		3. 构架上移位方法不正确，失去防护，造成人员高处坠落。如：未正确使用双保险安全带，手未扶构件或手扶的构件不牢固，踩点不正确或踏空等
		4. 焊、割工作中防护措施不当，造成人员高处坠落。如：安全带系挂在焊、割构件上或焊、割点附近及下风侧，工作人员在下风侧等

序号	评估类别	危险因素
（四）	使用软梯在软母线上工作	1. 梯头及软梯本身不符合要求，造成人员高处坠落。如：封口损坏、连接松动、脱焊、裂纹，软梯腐蚀、勾股、断股、挂钩保险损坏等
		2. 软梯架设不稳固或攀登方法不正确，造成人员高处坠落。如：软梯与梯头连接不牢固，梯头与母线挂接不可靠，软梯不稳；跳跃攀登、双手未抓牢主绳、脚未踩稳等
		3. 梯头挂接不可靠或防护措施不当，造成人员高处坠落。如：梯头封口未可靠封闭，且安全带未系在母线上等
（五）	使用梯子攀登或在梯子上工作	1. 梯子本身不符合要求，造成人员高处坠落。如：构件连接松动、严重腐（锈）蚀、变形；防滑装置（金属尖角、橡胶套）损坏或缺失、无限高标志或不清晰、绝缘梯绝缘材料老化、劈裂、升降梯控制爪损坏、人字梯铰链损坏、限制开度拉链损坏或缺失等
		2. 梯子放置不符合要求，造成人员高处坠落。如：角度不符合要求、不稳固；梯子架设在滑动的物体上、人字梯限制开度拉链未完全张开、升降梯控制爪未卡牢，靠在软母线上的梯子上端未固定等
		3. 上、下梯子防护措施不当造成坠落。如：无人扶梯、未穿工作鞋、脚未踩稳、手未抓牢、面部朝向不正确等
		4. 在梯上工作时，梯子使用不当或在可能被误碰的场所使用梯子未采取措施，造成坠落。如：站位超高、总质量超载、梯子上有人时移动梯子、在通道、门（窗）前使用梯子时被误碰等
		5. 水平梯使用方法不正确、失去防护，造成人员高处坠落。如：梯子固定不可靠或超载使用，导致水平梯脱落或断裂，且未使用双保险安全带等
（六）	脚手架上工作	1. 脚手架本身不符合要求，造成人员高处坠落。如：组件腐蚀、拆裂、严重机械损伤；组件裂纹、严重锈蚀、变形、弯曲；木（竹）制脚手板厚度不合要求；安全网网绳、边绳、筋绳断股、散股及严重磨损，连接不牢；脚手架的承重不符合要求
		2. 脚手架上工作面湿滑及防护措施不当，造成人员高处坠落。如：工作面有污物、冰雪、鞋底有油污、无上下固定梯子、在高度超过1.5m 没有栏杆的脚手架上工作未使用安全带等

序号	评估类别	危险因素
（七）	斗臂车（含曲臂式升降平台）上工作	1. 斗臂车本身不符合要求，造成工作斗下落，造成人员高处坠落。如：结构变形、裂缝或锈蚀；零部件磨损或变形；气（电）动、液压保险、制动装置失灵；螺栓和其他紧固件松动；焊接部位开裂纹、脱焊；铰接点的销轴装置脱落等
		2. 斗臂车不稳固造成倾覆，造成人员高处坠落。如：地面松软、支撑不稳定
		3. 工作方法不正确，造成人员高处坠落。如：发动机熄火；下部人员误操作，且绝缘斗中工作人员未系安全带，导致绝缘斗中人员被其他物件碰挂等
（八）	电缆竖井作业	电缆竖井内设施不符合要求，工作方法不正确，造成人员高处坠落。如：爬梯或电缆支架缺失、松动、脱焊、锈蚀严重；上下爬梯脚未踩稳、登高工作中未使用安全带等
（九）	变压器顶盖上工作	变压器顶盖工作面湿滑，造成人员高处坠落。如：变压器顶盖有油污、鞋底有油污等
三		物体打击
（一）	高处作业现场	高空落物伤人。如：不正确佩戴安全帽、围栏设置和传递工具材料方法不正确等
（二）	工作平台及脚手架	垮塌或落物伤人。如：工作平台、脚手架四周没有设置围网，杆脚搭在不稳固的鹅卵石上等
（三）	电气操作	1. 操作隔离开关过程中，瓷柱折断伤人，操作把手断裂伤人。如：瓷柱有裂纹损伤，操作用力过猛等，操作把手有裂纹损伤等
		2. 操作时，安全工器具掉落伤人。如：绝缘罩、绝缘板或地线杆等掉落
（四）	安装、检修隔离开关、断路器等变电设备	设备支柱绝缘子断裂或倾倒砸伤人。如：设备本身质量有问题，焊接部位不牢；工作人员违章工作将安全带打在套管绝缘子或支柱绝缘子上等
（五）	搬运设备及物品	重物失去控制伤人。如：搬运各种保护屏、柜、试验仪器等
（六）	更换绝缘子	绝缘子掉串伤人。如：绝缘子没有连接好突然掉落、控制绝缘子的绳子突然松掉等

序号	评估类别	危险因素
（七）	压力容器	喷出物或容器损坏伤人
（八）	装运水泥杆、变压器、线盘	水泥杆、变压器、线盘砸伤人。如：抬水泥杆时，水泥杆突然掉落，堆放水泥杆时，水泥杆突然滚动等
（九）	线路拆线	倒塔和断线时伤人。如：倒杆（塔）、断杆砸伤人，断线时跑线抽伤人
（十）	立、撤杆塔	杆塔失控伤人。如：揽风绳、叉杆失控引起倒杆塔等
（十一）	水泥杆底、拉盘施工、铁塔水泥基础施工	起吊或放置重物措施不当伤人。如：安放杆塔或拉线底盘时杆坑内有人工作等
（十二）	放、紧线及撤线	导线失控伤人。如：导线抽出伤人，手被导线挤伤、压伤等
（十三）	砍剪树竹	树竹失控伤人。如：被倒下的树木或朽树枝砸伤等
（十四）	敷设电缆	人员绊伤、摔伤、传动挤伤
（十五）	挖掘电缆沟	安全措施不当，导致伤人
（十六）	电缆头制作	操作不规范、措施不当，导致物体打击。如：坑、洞内作业未设置安全围栏等
四	机械伤害	
（一）	操作钻床、台钻等机械设备	设备防护设施不全，造成人员伤害。如：缺少防护罩、防护屏、戴手套操作钻床等
（二）	开关设备的储能机构、装置检修	机械故障导致的能量非正常释放，造成人员伤害。如：弹簧、测量杆伤人等
（三）	砍剪树竹	使用的工器具质量不合格、操作不当或失控，造成人员伤害。如：油锯金属碎片飞出、锯掉的木屑、卡涩引起的转动异常、碰金属物、用力过猛误伤等

序号	评估类别	危险因素
（四）	敷设电缆	展放电缆挤压伤人，或使用电缆刀剥导线时伤人，造成人员伤害
（五）	起重机械	吊车起重作业措施不当失控伤人，造成人员伤害。如：翻车、千斤断裂或系挂点脱落、起吊回转范围内有人等
五		特殊环境作业
（一）	夜晚、恶劣天气作业	1. 夜晚高处作业，工作场所照明不足，导致事故
		2. 恶劣气候条件下，在杆塔上作业未采取有效的保障措施，导致事故。如：雨、雾、冰雪、大风、雷电、高温、高寒等天气
（二）	有限空间作业	1. 未对从业人员进行安全培训，或培训教育考试不合格，导致人身伤害
		2. 未严格实行作业审批制度，擅自进入有限空间作业，导致人身伤害
		3. 未做到"先通风、再检测、后作业"，或者通风、检测不合格，照明设施不完善，导致人身伤害
		4. 未配备防中毒窒息防护设备、安全警示标志，无防护监护措施，导致人身伤害
		5. 未制定应急处置措施，作业现场应急装置未配备或不完整，作业人员盲目施救，导致人身伤害和衍生事故
六		误操作
（一）	电气设备防误装置	1. 设备固有防误装置
		（1）防误闭锁装置功能不正常、强行解锁，造成误操作。如：程序出错、逻辑关系错误、锁具或钥匙失灵等
		（2）防误闭锁装置不完善，造成误操作。如：闭锁有漏点、没加挂机械锁等
		（3）无法验电的设备、联络线设备的电气闭锁装置不可靠，造成误操作。如：高压带电显示装置提示错误、高压带电显示闭锁装置闭锁失灵等
		2. 防误装置逻辑和软件系统
		（1）防误装置有逻辑死区，造成误操作。如：逻辑关系漏编等

序号	评估类别	危险因素
（一）	电气设备防误装置	（2）计算机监控系统中没有防误闭锁功能或功能不完善，造成误操作。如：操作程序漏编、错编等
		（3）远方遥控操作，未实现对受控站的远方防误操作闭锁，造成误操作。如：未配置闭锁、闭锁未连接、逻辑关系设置错误或有遗漏等
		（4）防误装置主机发生故障时无法恢复数据或与实际不符，造成误操作。如：数据无备份、信息变更时数据备份不及时等
（二）	运维专业误操作	1. 人员行为导致误操作
		（1）操作人员、检修维护人员未做到"三懂二会"（懂防误装置的原理、性能、结构；会操作、维护），造成误操作
		（2）操作及事故处理时注意力不集中、精力分散或过度紧张，造成误操作
		（3）无调度指令或调度指令错误，造成误操作。如：无调度指令操作，操作任务不清、漏项、错项等
		（4）无操作票或操作票错误，造成误操作。如：无操作票、操作票漏项、错项等
		（5）倒闸操作没有按照顺序逐项操作，未进行"三核对"或现场设备没有明显标志，造成误操作。如：漏项或跳项操作，操作前未核对设备名称、编号和位置，操作设备无命名、编号、转动方向及切换位置的指示标志或标志不明显等
		（6）操作任务不明确，调度术语不标准、联系过程不规范，造成误操作。如：操作目的不清、调度术语不确切、未互报单位和姓名、未复诵等
		（7）设备检修、验收或试验过程中，误分合隔离开关或接地隔离开关，造成误操作。如：未按规定加锁、擅自操作、验收操作时未核对设备等
		（8）操作时走错间隔，造成误分、合断路器，误带电挂接地线，造成误操作
		（9）验电器选择或使用不当，造成误操作。如：验电器电压等级与实际不符、验电器损坏、验电位置错误等

28

続表

序号	评估类别	危险因素
（二）	运维专业误操作	（10）装设接地线未按程序进行，带电挂接地线，造成误操作。如：未验电、验电后未立即装设接地线等
		（11）交直流电压小开关误投、误退，造成误操作
		（12）电流互感器二次端子接线与一次设备方式不对应，造成误操作。如：二次端子操作顺序错误等
		（13）切换二次压板未考虑保护和自动装置联跳回路影响，造成误操作。如：母差保护回路、失灵联切回路、负荷联切回路、备自投装置、跳闸压板切换等误（漏）投、退等
		（14）两个系统并列操作时，未同期合闸，造成误操作。如：同期装置故障、非同期并列等
		（15）智能变电站软压板在后台监控机进行操作时，运行人员误投、退软压板造成误操作。如：误进入临近回路间隔
		（16）智能变电站软压板操作顺序错误造成保护误动。如：母差保护压板恢复时，误操作检修状态硬压板、保护出口软压板等
		（17）智能变电站操作时误操作开关分、合闸把手，易造成控制回路断线。如：操作智能终端分合闸把手时，误操作断路器机构操作把手
		2. 运维管理不当导致误操作
		（1）一次系统模拟图（或计算机系统模拟图）与现场设备或运行方式不一致，造成误操作。如：运行方式改变时，设备和编号变更时未及时变更模拟图等
		（2）解锁钥匙管理不规范，造成误操作。如：擅自使用、超范围使用、未及时封存、私藏解锁钥匙等
（三）	继电保护专业误操作	1. 误整定
		（1）整定计算原始参数错误，造成误整定。如：未按规定实测、测量误差大等

29

序号	评估类别	危险因素
（三）	继电保护专业误操作	（2）整定计算结果错误，造成误整定。如：计算人员对电网运行方式、二次设备不了解，说明书版本与现场二次设备实际功能不符，无人复算、核实，造成误整定
		（3）定值切换未按要求进行或定值输入错误，造成误整定。如：定值切换顺序错误、定值输入错误等
		（4）试验时变动保护定值未恢复，造成误整定
		（5）电网运行方式变动，如一次设备充电时，切换临时定值区或更改定值，未及时恢复，造成误整定
		2. 误接线
		（1）图纸不正确、不规范，造成误接线。如：无图纸、不齐全或图纸改动后未履行审批手续、图纸与现场设备接线不符，回路编号、元件标志标识不正确、不规范、意义不明确等
		（2）不按设计图纸施工，造成误接线。如：施工现场无图纸或未按图接线等
		（3）保护及自动装置检验时断开接线端子，恢复接线时接错，造成误接线
		3. 误碰
		（1）二次设备上工作时，使用不合格的工器具，造成误碰运行设备。如：清扫工作未使用绝缘工具，螺丝刀的金属竿部分未缠绕绝缘胶带等
		（2）现场运维人员所做安全措施不满足安全工作要求，造成误碰运行设备。如：试验设备上联跳回路压板、失灵启动压板、远方启动压板未退出，被试TA接入母差保护、主变压器保护、3/2接线线路保护等运行中设备的电流试验端子未断开后短接，被试保护屏的相邻设备无明显区分标志等
		（3）外来工作人员作业因未对其进行安全措施交底、失去监护等，造成误碰运行设备
		（4）保护人员实施安全措施的方法不合理，造成误碰运行设备。如：未做隔离措施、无人监护等

序号	评估类别	危险因素
（三）	继电保护专业误操作	（5）工作中重要环节操作失去监护、操作不规范，造成误碰运行设备。如：操作保护压板、切换开关、定值区、交（直）流空气开关、电流试验端子、插拔保护插件、触及交（直）流回路无专人监护，试验接线后没有专人检查等
		（6）二次设备上工作时，未正确使用工器具，造成误碰运行设备，如万用表用错挡位等
		（7）二次设备上工作，着装不规范，造成误碰运行设备。如：工作服上有金属构件等

附录 2

作业风险管控工作流程图

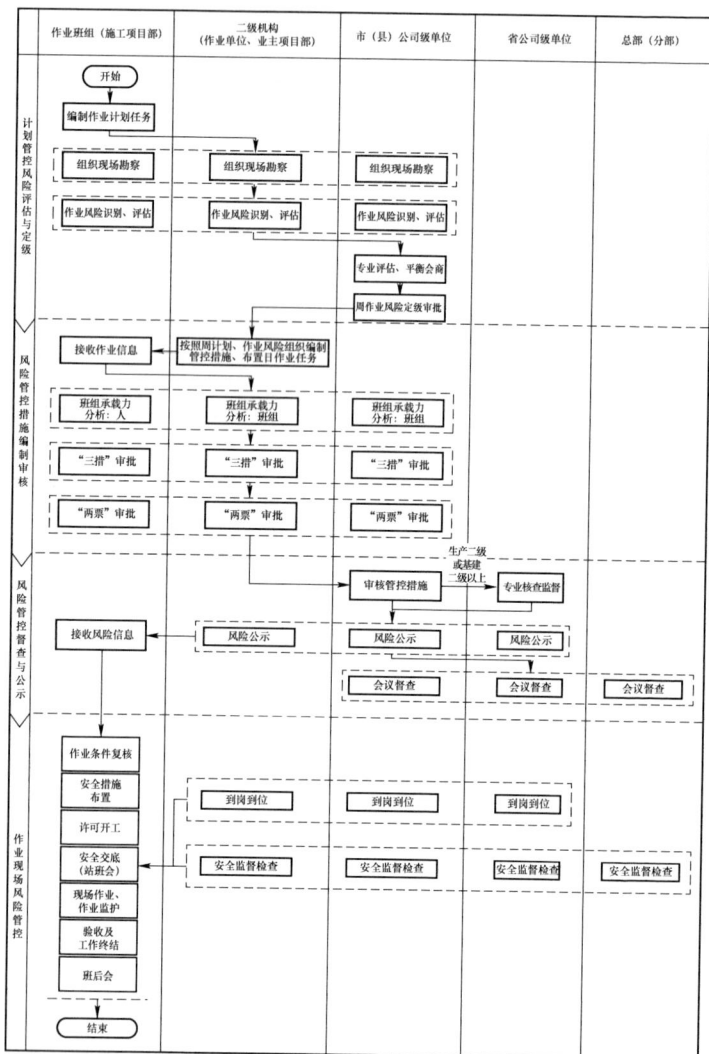

	作业班组（施工项目部）	二级机构 （作业单位、业主项目部）	市（县）公司级单位	省公司级单位	总部（分部）
计划管控风险评估与定级	开始 编制作业计划任务 组织现场勘察 作业风险识别、评估	组织现场勘察 作业风险识别、评估	组织现场勘察 作业风险识别、评估 专业评估、平衡会商 周作业风险定级审批		
风险管控措施编制审核	接收作业信息 班组承载力分析：人 "三措"审批 "两票"审批	按照周计划、作业风险组织编制管控措施、布置日作业任务 班组承载力分析：班组 "三措"审批 "两票"审批	班组承载力分析：班组 "三措"审批 "两票"审批		
风险管控督查与公示	接收风险信息	风险公示	审核管控措施 生产二级或基建二级以上 风险公示 会议督查	专业核查监督 风险公示 会议督查	会议督查
作业现场风险管控	作业条件复核 安全措施布置 许可开工 安全交底（站班会） 现场作业、作业监护 验收及工作终结 班后会 结束	到岗到位 安全监督检查	到岗到位 安全监督检查	到岗到位 安全监督检查	安全监督检查

附录 3

作业计划编制"六优先、九结合"原则

一、六优先

1. 人身风险隐患优先处理。

2. 重要变电站（换流站）隐患优先处理。

3. 重要输电线路隐患优先处理。

4. 严重设备缺陷优先处理。

5. 重要用户设备缺陷优先处理。

6. 新设备及重大生产改造工程优先安排。

二、九结合

1. 生产检修与基建、技改、用户工程相结合。

2. 线路检修与变电检修相结合。

3. 二次系统检修与一次系统检修相结合。

4. 辅助设备检修与主设备检修相结合。

5. 两个及以上单位维护的线路检修相结合。

6. 同一停电范围内有关设备检修相结合。

7. 低电压等级设备检修与高电压等级设备检修相结合。

8. 输变电设备检修与发电设备检修相结合。

9. 用户检修与电网检修相结合。

附录 4

承载力分析主要内容（参考）

　　各单位应利用月度计划平衡会、周安全生产例会统筹开展所属单位、二级机构承载力分析工作。二级机构应利用周安全生产例会、班组应利用周安全日活动，开展作业承载力分析工作，保证作业安排在承载力范围内。

　　一、各单位、二级机构承载力分析内容

　　（一）可同时派出的班组数量。

　　（二）派出班组的作业能力是否满足作业要求。

　　（三）多专业、多单位大型复杂作业项目工作协调是否满足作业需求。

　　（四）现场监督管控安排是否满足作业需求。

　　二、施工作业单位承载力分析内容

　　（一）可同时派出的工作组和工作负责人数量。每个作业班组同时开工的作业现场数量，不得超过工作负责人数量。

　　（二）作业任务难易水平、工作量大小。

　　（三）安全防护用品、安全工器具、施工机具、车辆等是否满足作业需求。

　　（四）作业环境因素（地形地貌、天气等）对工作进度、人员配备及工作状态造成的影响等。

　　三、作业人员承载力分析内容

　　（一）作业人员身体状况、精神状态以及有无妨碍工作的特殊病症。

　　（二）作业人员技能水平、安全能力。技能水平可根据其岗位角色、是否担任工作负责人、本专业工作年限等综合评定。安全能力应结合《电力安全工作规程》考试成绩、人员违章情况等综合评定。

各级单位应积极推进承载力量化分析工作，提升作业计划和工作安排的科学化、规范化管理水平。

附录 5

需要现场勘察的典型作业项目

1. 变电站（换流站）主要设备现场解体、返厂检修和改（扩）建项目施工作业。

2. 变电站（换流站）开关柜内一次设备检修和一、二次设备改（扩）建项目施工作业。

3. 变电站（换流站）保护及自动装置更换或改造作业。

4. 输电线路（电缆）停电检修（常规清扫等不涉及设备变更的工作除外）、改造项目施工作业。

5. 配电线路杆塔组立、导线架设、电缆敷设等检修、改造项目施工作业。

6. 新装（更换）配电箱式变电站、开关站、环网单元、电缆分支箱、变压器、柱上开关等设备作业。

7. 带电作业。

8. 涉及多专业、多单位、多班组的大型复杂作业和非本班组管辖范围内设备检修（施工）的作业。

9. 使用吊车、挖掘机等大型机械的作业。

10. 跨越铁路、高速公路、重要输电线路、通航河流等施工作业。

11. 试验和推广新技术、新工艺、新设备、新材料的作业项目。

12. 工作票签发人或工作负责人认为有必要现场勘察的其他作业项目。

附录6

领导干部现场到岗到位管控标准（参考）

序号	督导项目	环节	主要内容	单位领导（副总师级以上领导）	专业部门负责人	专业管理人员
1	组织管控	管控组织	查现场风险管控组织机构是否按要求设置，相关管理（牵头）、部门及人员是否明确；是否还存在风险管控盲区	■	■	—
2		在岗管控	查相关单位、专业管理人员是否在岗管控，相关管理人员是否清楚现场的风险因素以及应管控的重点	■	■	—
3		部署落实	查需要现场风险管控措施部署安排情况，重点防控措施是否部署并落实到位，相关单位及人员是否知晓	■	■	—
4		协调管控	督导相关专业、单位风险管控工作协同情况，是否存在需要协调解决的问题	■	■	—
5	计划管控	计划安排	查作业计划内容：是否已审批发布的作业计划，是否存在作业计划工作内容与工作票、现场实际不符情况	□	■	■
6		风险定级	查风险辨识、评估定级：是否存在风险辨识不到位、不全面或定级不准确等问题	□	■	■
7		现场勘察	是否存在应勘未勘，或现场勘察情况与现场实际不符等情况	□	■	■
8		方案审批	查"三措"、施工方案，是否存在应制订"三措"、专项施工方案的作业，事先未组织制定或不履行审批程序，未按规定执行"三措一案"等情况	□	■	■

序号	督导项目	环节	主要内容	单位领导（副总师级以上领导）	专业部门负责人	专业管理人员
9	队伍管控	队伍符实	核实队伍情况，现场管理人员是否与报审一致，是否存在违法转包、违规分包、以包代管等情况	□	■	■
10		作业管理	施工项目部或施工管理组织机构是否按要求，管理人员资质证照是否符合要求并与报审资料一致	□	■	■
11		安全承载	现场作业队伍、人员安排是否满足安全作业需要，是否存在赶工期、超人员承载力施工情况	□	■	■
12		装备配置	查现场工器具（含安全工器具）、特种设备、特种车辆等装备设施情况，是否与报审资料相符，是否合格有效	□	■	■
13	人员管控	人员准入	查准入情况，现场作业、监理人员（包含但不限于：工作负责人、班组长等）是否在平台已准入，经过考试且成绩时限有效	□	■	■
14		人员资格	查现场作业两票涉及"三种人"资格，是否获"三种人"资格，并在风控平台予以明确标出	□	■	■
15		持证上岗	查特种作业人员情况：登高作业、焊接、绞磨机操作手等特种作业人员证件，人证是否相符	□	■	■
16		风险知晓	现场工作负责人、关键工序作业人员是否清楚作业风险点及管控措施要求	■	■	■
17	作业实施	两票签发	查现场"两票"（含动火作业）等使用是否规范，签名齐全；是否规范履行审批手续；所列相关安全措施是否正确、完备且符合现场实际，满足工作安全要求	□	■	■

序号	督导项目	环节	主要内容	单位领导（副总师级以上领导）	专业|部门负责人	专业管理人员
18	作业实施	安全交底	开工手续齐备，工作负责人依据工作票内容，向工作班成员详细交代工作内容、风险和现场安全措施；全体成员做到"四清楚"	□	■	■
19		安措布置	查现场个人防护用具是否合格且正确佩戴；现场安全措施（接地线、围栏等）是否按要求设置，且满足现场安全作业需要；是否按要求装设并关联视频督查或管控智能终端	□	■	■
20		工作组织	作业秩序是否严格，是否存在违章指挥、冒险作业或不听从指挥等问题；工作负责人、专责监护人等关键人员是否在岗履职	■	■	■
21		文明施工	现场设备标志、各类警示标识清晰，符合规定要求；作业现场物资、工器具、车辆停放有序；作业人员防暑、防寒等（特殊气候、环境）医疗保障等后勤措施是否到位	■	■	■
22		安全作业	作业现场是否存在违章作业情形；工作监护、间断及转移制度是否规范执行；是否存在超出作业范围，或未经批准擅自改变已设置的安全措施等情况	□	■	■
23	作业终结	验收总结	工作验收、终结手续是否规范办理；班后会是否规范开展	□	■	■

注 "■"表示必查项，"□"表示可查项，"—"表示可不查项。

附录7

综合性、复杂性重大风险现场管控机构主要职责

1. 组织机构各成员，召开日例会，每日部署落实管控要求，动态分析安全风险执行落实情况，补充完善相关安全管控措施，协调解决实际问题。

2. 深入施工现场，检查施工方案及风险预控措施检查现场落实情况。

3. 检查电网、人身、设备、客户、环境安全风险识别、分析是否准确，各相关方安全履责、风险管控措施落实是否到位。

4. 协调解决相关单位、专业风险防控存在问题。

5. 及时制止违章作业，督促问题整改。